# LA CIENCIA DE LA ESCRITURA Y GRAFICACIÓN CIENTÍFICA

- Cómo escribir en forma científica
- Cómo escribir pensando en el lector
- Reglas de la escritura científica
- La ciencia de las gráficas científicas

**GOPEN – SWAN – TALBOT**

# COPYRIGHT

Jorge R. Talbot, © 2016

La Ciencia de la Escritura y Grafica Científica

Quedan reservados todos los derechos que establece la ley, por lo cual, sin la autorización previa y por escrito, del autor, no se permite la reproducción total o parcial de esta obra

All Rights Are Reserved
**Edición**
María Esther de Miguel (Argentina)
Silvia Marco Pérez (España)
Malena Srur
Roderick Muir
Graciela T. Talbot

**Cubierta**
CreateSpace

**Impresión**
CreateSpace, USA
**Ilustraciones**
Talbot, J. R., Belvedere, 123RF.com.
Library of the Congress Cataloging-in-Publication Data is available through the Library of Congress

BISAC: Science

ISBN-13: 978-1537357942

ISBN-10: 1537357948

Los lectores no solo leen, sino que también interpretan.

# INDICE

INTRODUCCIÓN ........................................................................... 9

LA CIENCIA DE LA ESCRITURA CIENTÍFICA ............................................. 17

EXPECTATIVAS DEL LECTOR .............................................................. 19

SEPARACIÓN SUJETO-VERBO ............................................................ 21

LA POSICIÓN DEL ÉNFASIS ............................................................... 22

LA POSICION DEL TÓPICO (TEMA) ...................................................... 26

PERCIBIENDO LAS LAGUNAS LÓGICAS .................................................. 32

UBICANDO LA ACCIÓN ................................................................... 34

LA ESCRITURA Y EL PROCESO CIENTÍFICO ............................................. 36

LA CIENCIA DE LA GRAFICACIÓN CIENTÍFICA ......................................... 41

BIBLIOGRAFÍA ............................................................................ 55

# LA MALA ORTOGRAFÍA ES UNA ENFERMEDAD DE TRANSMISIÓN TEXTUAL. ¡Protéjase!

WWW.CORRECTORDEESTILO.NET

# INTRODUCCIÓN

Diversas Sociedades Científicas Internacionales, han enfatizado la necesidad de mejorar la calidad (en forma y contenido) de las comunicaciones científicas, tanto orales como escritas.

Escribir en forma clara, profunda y amena, requiere no solamente dominar el tema y el idioma, sino conocer cuales son las espectativas del lector: ¿cómo "lee" el lector?, ¿cómo interpreta?.

El Dr. George D. Gopen, profesor de lingüística y retórica de la Universidad de Duke (USA), ha dedicado gran parte de su vida al estudio e investigación de "como escribir la ciencia en forma científica". En este fascículo, el Dr. Gopen describe en forma brillante los siguientes temas: espectativas del lector con respecto a la prosa; separación del sujeto y el verbo; posición del énfasis; posición del tópico (tema); percepción de laguna lógicas; ubicación de la acción y la escritura y el proceso científico.

En la segunda parte de esta publicación, describimos en forma práctica, la importancia del lenguaje visual. El impacto que deben producir las ilustraciones científicas, sean estas, gráficos, dibujos, figuras o tablas. Sugerimos que cada ilustración científica, debería constituirse en sí misma, en una fuente de información, que resuma en forma profunda y sencilla, las conclusiones del investigador científico. Cada gráfico debería constituirse en "la expresión artística de una idea científica".

La preparación de esta publicación obedece a la necesidad de llenar un vacío existente y el deseo de saciar inquietudes forjadas por mis padres Clemencia y Jorge y apoyadas por mi esposa Graciela y mis hijos, Tamara, Aline, Natacha y Rodrigo.

Sin olvidarme de mis yernos, nuera, y nietos: Stephanie, Vianna, Coda, Greyson y Gabriella

*Jorge R. Talbot*

# SI NO ENTIENDE LO QUE ESTÁ ESCRITO, NO ES CULPA SUYA, SINO DE QUIEN LO ESCRIBIÓ

Nunca fui un buen escritor.

Esta deficiencia puede estar asociada a una o a varias de estas tres causas:

Primero, mi escolaridad fue muy agitada e irregular. Por razones familiares, me vi obligado a estudiar en ocho instituciones educativas diferentes, ubicadas en seis países distintos. Tuve que descuidar la gramática para estudiar la historia, la geografía y la educación cívica de seis países.

Segundo, nací con dificultades visuales. Este defecto fue parcialmente corregido mediante unos vistosos anteojos, pues era alto mi grado de hipermetropía.

Tercero, es posible que tenga una "discreta" dislexia.

Sin embargo, mi gran pasión es escribir. Escribo sobre ciencia y escribo literatura devocional (ver mi página web: JORGERTALBOT.NET).

Escribo a pesar de algunos graciosos episodios que forman parte de mi vida.

Por ejemplo, cuando concluí la secundaria, uno de mis profesores de Gramática y Literatura me sugirió sutilmente que, para escribir mejor, tratase de escribir "al revés de lo que pienso". No obstante, al concluir la carrera de Medicina, había escrito ya varios fascículos de embriología, genética, histoquímica y citoquímica. Es más, una vez graduado, mis primeros derechos de autor fueron adquiridos (a cambio de dinero) por una conocida editorial estudiantil (TAPAS).

En otra ocasión, orgullosa de su hijo médico y escritor, mi madre quiso leer uno de mis primeros textos. En él encontró dos faltas de ortografía. Con una mirada cariñosa y una sonrisa picarona, me dijo: "Metiste la pata cometiendo dos faltas de ortopedia", es decir, de ortografía. Nos reímos y juntos corregimos el error.

Luego, un gran amigo de la infancia que posee un gran sentido del humor me tranquilizó: "Jorgito, no te preocupes, porque los médicos habitualmente entierran sus errores, mientras que los escritores los publican".

Me alegro de que nunca tuviese que enterrar a nadie, aunque lamento haber publicado algunos errores ortográficos, conceptuales y gramaticales.

**¿Por qué?** Porque no siempre he escrito teniendo en cuenta las expectativas del lector.

Un luminoso día de finales del 1985, conocí al profesor David J. Baylink, médico director del centro de investigaciones de la

Universidad de Loma Linda (California), con quien aprendí a escribir sobre temas científicos de manera clara, así como a confeccionar gráficos ilustrativos que facilitan enormemente la comprensión de los asuntos tratados. Gracias a ello, he tenido el privilegio de publicar numerosos trabajos científicos en prestigiosas revistas médicas, así como dos libros de medicina y cerca de una docena de libros devocionales.

También he aprendido de varios prestigiosos y creativos autores, como el nobel de física Sheldon L. Glasgow, quien escribió de una manera fascinante el libro *El encanto de la física*; Rob Bell y Don Colden, que publicaron el paradójico libro titulado *Jesucristo desea salvar aún a los cristianos*; y Ronald W. Duck, quien escribió el libro *Biología celular y molecular*. Pero mi aprendizaje fue superlativo con los coautores de la presente obra, el doctor George D. Gopen, de la Universidad de Duke, y la doctora Judith A. Swan, de la Universidad de Princeton.

Un párrafo aparte merece Stephen Goilberg, a quien me gusta llamar "el genio del ingenio". Golberg tiene la habilidad de transformar lo difícil y complicado en algo fácil y comprensible. Uno de sus libros más difundidos lleva el título *Bioquímica clínica: presentada de una manera ridículamente simple*.

Es cierto que la escritura científica exige el empleo de términos poco conocidos o técnicos. Sin embargo, nada impide escribir claro, coherente, elegante, de forma elocuente y, sobre todo, respetando las expectativas del lector.

¿Cuáles son las expectativas del lector?

A modo de ejemplo, paso a escribir dos oraciones muy cortas: primero, <u>respetando</u> las expectativas del lector; y luego, <u>violándolas</u>. La primera oración tratará de describir el **BARCO** de Juan, y la segunda describirá a **JUAN** (el dueño del barco).

**I. RESPETANDO LAS EXPECTATIVAS DEL LECTOR**

1. **El BARCO de Juan es grande, nuevo, costoso y cómodo:**
    Es evidente que el **BARCO** es:
    Grande
    Nuevo
    Costoso
    Cómodo
2. **JUAN, el dueño del barco, es abogado y deportista, está casado y tiene tres hijos:**
    Es evidente que **JUAN**:
    Es abogado
    Es deportista
    Está casado
    Tiene tres hijos

**II. VIOLANDO LAS EXPECTATIVAS DEL LECTOR**

1. **EL BARCO**, de Juan, que es abogado y deportista, está casado y tiene tres hijos, **ES** grande, nuevo, costoso y cómodo.
2. **JUAN**, el dueño de un barco grande, nuevo, costoso y cómodo, **ES** abogado y deportista, está casado y tiene tres hijos...@#$&?

Supongamos que, al leer la primera oración, la expectativa del lector era saber algo del BARCO, y no de Juan. Ofrecerle demasiada información sobre algo que no es el objeto de su interés le crea estrés mental y emocional. Además, lo incomoda, distrae y confunde.

Pongamos que, al leer la segunda oración, la expectativa del lector era saber algo de JUAN, y no del barco. También aquí el atropello de la expectativa del lector le produce (@#$&?) estrés mental y emocional.

En resumen, aunque nunca fui un gran escritor, ahora escribo pensando en el lector y creo gráficos para tratar de facilitar la comprensión del tema en cuestión. ¿Me explico?

JR TALBOT
& 123rf

# LA CIENCIA DE LA ESCRITURA CIENTÍFICA

A menudo el manuscrito científico resulta difícil de leer. La mayoría de la gente supone que esa dificultad surge necesariamente, por la extrema complejidad de los conceptos, los datos y el análisis propio de la ciencia. Nosotros consideramos que se puede evitar que la complejidad del pensamiento, conduzca a la impenetrabilidad de expresión. Para ello demostramos diversos principios retóricos que aclaran la comunicación sin simplificar en demasía el contenido científico. Los resultados son substanciales y no meramente cosméticos: de hecho, mejorar la calidad de redacción, verdaderamente realza la calidad del pensamiento.

El propósito fundamental del discurso científico no es simplemente ofrecer información y conocimiento, sino conseguir una eficaz comunicación. Poco importa que el autor quede satisfecho por haber volcado toda la información en elegantes párrafos y oraciones; importa que una gran mayoría de la audiencia de lectores perciba con exactitud lo que el autor ha querido decir. Por lo tanto, a fin de entender cómo la redacción puede mejorarse eficazmente, sería deseable comprender a fondo de que modo los lectores se abocan a la lectura. Investigaciones recientes en los campos de la retórica, la lingüística y la psicología cognitiva, permiten disponer de tales elementos y contribuyen a producir una metodología basada sobre las expectativas del lector.

## *Escribir pensando en el Lector: Expectativa y Contexto*

Los lectores no sólo leen, sino que también interpretan. Cualquier texto, por más breve que sea, puede ofrecer diez o más significados a diez lectores distintos. Esta metodología de las expectativas del lector está fundada en el reconocimiento de que los lectores toman muchas de sus interpretaciones más importantes acerca de aquello que leen, en base a pistas que reciben de su estructura.

> *Si el lector ha de captar lo que el escritor intenta expresar, el escritor ha de entender lo que el lector necesita.*

Tal interacción entre substancia y estructura puede demostrarse por algo tan básico como una simple tabla. Digamos que al monitorear la temperatura de un líquido a lo largo de un período de tiempo, un investigador realiza mediciones cada tres minutos y registra una lista de temperaturas. Estos datos podrían presentarse por escrito mediante varias estructuras. He aquí dos posibilidades:

t (tiempo) = 15', T (temperatura) = 32º; t = 0', T = 25º; t=6', T=29º; t = 3', T=27º; t=12', T=32º; t=9', T=31º

| Tiempo (minutos) | Temperatura (ºC) |
|---|---|
| 0 | 25 |
| 3 | 27 |
| 6 | 29 |
| 9 | 31 |
| 12 | 32 |
| 15 | 32 |

Aunque la información que aparece en ambos formatos es exactamente la misma, la mayoría de los lectores encuentran que el segundo formato es más fácil de interpretar, quizás debido a la mismísima familiaridad de la estructura tabular. Sin embargo, lo que es más significativo es que la estructura del segundo formato provee al lector un contexto (tiempo) fácilmente perceptible, dentro del cual la información específica (temperatura) pueda interpretarse. El material contextual aparece a la izquierda según una configuración que suscita una expectativa de regularidad; los resultados "interesantes" aparecen a la derecha según un patrón menos evidente, cuyo descubrimiento es el propósito de la tabla.

Si se intercambian las dos columnas de esta tabla simple, es mucho más difícil su lectura.

| Temperatura (ºC) | Tiempo (minutos) |
|---|---|
| 25 | 0 |
| 27 | 3 |
| 29 | 6 |
| 31 | 9 |
| 32 | 12 |
| 32 | 15 |

Dado que leemos de izquierda a derecha, preferimos el contexto a la izquierda, donde puede familiarizar más eficazmente al lector. Preferimos que la información nueva e importante aparezca a la derecha, jugando así el papel de intrigar al lector.

La información se interpreta más fácil y uniformemente si se coloca donde la mayoría de los lectores esperan encontrarla. Estas necesidades y expectativas de los lectores afectan la interpretación no sólo de tablas e ilustraciones, sino también del texto en sí. Los lectores tienen expec-

# EXPECTATIVAS DEL LECTOR

tativas relativamente fijas acerca de las ubicaciones en el texto donde habrán de hallar datos específicos de su contenido. En la medida en que los escritores se percaten conscientemente de estas ubicaciones, podrán controlar con más certeza los grados de reconocimiento y énfasis que el lector otorgará a la información presentada. Los buenos escritores captan intuitivamente tales expectativas, por lo que su prosa posee una forma definida.

Este concepto, que subyace en la expectativa del lector, aparece quizás con mayor rigor a nivel de las grandes unidades del discurso. Definimos a la unidad de discurso como cualquier ente que comienza y termina, ya sea una cláusula, una oración, una sección, un artículo, u otro. Por lo general, un artículo de investigación se divide en secciones reconocibles, a veces etiquetadas como Introducción, Métodos Experimentales, Resultados y Discusión. Cuando tales secciones aparecen confusas (ya sea porque se encuentran demasiados detalles experimentales en Resultados, o porque la discusión y los resultados se entremezclan) los lectores se sienten igualmente confundidos. En unidades menores de discurso, las divisiones funcionales no se hallan etiquetadas tan explícitamente, pero de cualquier manera los lectores poseen expectativas definidas y buscan cierta información en ubicaciones determinadas. Si se violan continuamente tales expectativas estructurales, se obliga a los lectores a gastar las energías necesarias para entender el contenido de un fragmento en el desglose de su estructura. Se incrementa así dramáticamente la complejidad del texto y la posibilidad de una falsa o aún nula interpretación.

Presentamos aquí algunos resultados de aplicar esta metodología a comunicaciones de investigación en la literatura científica. Hemos elegido diversos fragmentos de artículos de investigación (ya sea publicados o aceptados para su publicación) y sugerimos maneras de re-escribirlos aplicando los principios derivados del estudio de las expectativas del lector. No hemos intentado transformar dichos pasajes en "inglés común" para el uso del público en general, ni tampoco hemos reducido la jerga ni diluído el contenido científico. Hemos intentado clarificar pero no simplificar.

*Expectativas del Lector con Respecto a la Estructura de la Prosa*

He aquí nuestro primer ejemplo de prosa científica, en su versión original:

*El **URF** más pequeño (URFA6L), un cuadro de lectura de un nucleótido (nt) de 207 componentes que se solapa fuera de fase de la porción NH2-terminal del gen de la subunidad 6 de la adenosinotrifosfatasa (ATPasa), **ha sido identificado** como el equivalente animal del gen recientemente descubierto de la subunidad 8 de la levadura H+-ATPasa. El significado funcional de los otros URFs ha sido, por el contrario, impreciso. Recientemente, sin embargo, experimentos de inmunoprecipitación con anticuerpos contra la NADH-ubiquinona óxido-reductasa sensible a la rotenona [en lo sucesi-*

*vo referida como la deshidrogenasa NADH o Complejo I] del tejido cardíaco bovino, como asimismo estudios de fraccionamiento enzimático, han indicado que seis URFs humanos (es decir, URF1, URF2, URF3, URF4L y URF5, en lo sucesivo referidos como ND1, ND2, ND3, ND4L y ND5) codifican subunidades del Complejo I. Este es un complejo muy grande, que también contiene muchas subunidades sintetizadas en el citoplasma.*

Preguntemos a diez personas elegidas al azar porqué este párrafo es difícil de leer, y es seguro que nueve lo atribuirán al vocabulario técnico; algunos también sugerirán que requiere conocimiento especializado. No obstante, dichos problemas apenas explican una parte minúscula de la dificultad. He aquí el fragmento de nuevo, habiendo omitido transitoriamente a las palabras poco conocidas:

*El URF más pequeño, un [A], ha sido identificado como un [B] del gen de la subunidad 8. El significado funcional de los otros URFs ha sido, por el contrario, esquivo. Recientemente, sin embargo, experimentos de [C], como asimismo estudios [D], han indicado que seis URFs humanos [1-6] codifican subunidades del Complejo I. Este es un complejo muy grande que también contiene muchas subunidades sintetizadas en el citoplasma.* * (ver página 22)

Aunque ahora parecería más fácil superar el tránsito a través de la prosa, la travesía sigue siendo espinosa. En efecto, se presentan espontáneamente un sinnúmero de interrogantes: ¿Qué relación existe entre la primera oración del pasaje y la última? ¿Contradice la tercera oración lo que se nos ha dicho en la segunda? ¿Se escapa todavía el significado funcional de los URFs? ¿Conducirá este pasaje a una ulterior discusión sobre los URFs, o sobre el Complejo I, o sobre ambos a la vez?

Conocer algo del material temático, no aclara, por cierto, la totalidad de la confusión. La audiencia a la cual se destina este pasaje probablemente poseerá al menos dos datos de información técnica esencial: en primer lugar, que "URF" equivale a "Uninterrupted Reading Frame" [Cuadro No-interrumpido de Lectura], que describe un segmento de ADN organizado de tal manera que podría codificar una proteína, aunque todavía no se haya identificado un producto proteico de esta índole; y en segundo lugar, que tanto la ATPasa como la NADH óxido-reductasa son complejos enzimáticos claves del metabolismo energético. Si bien dicha información puede dar cierta facilidad, poco responde a los interrogantes de interpretación que esperan respuesta. Pareciera, entonces, que obstaculizan algo más que la mera jerga científica.

# SEPARACIÓN SUJETO-VERBO

> *La información se interpreta más fácil y uniformemente si se coloca donde la mayoría de los lectores esperan encontrarla.*

A fin de encarar el problema eficazmente, es imprescindible analizar cómo los lectores se abocan a la lectura. Procedamos pues, a la primera de las diversas expectativas del lector.

### Separación Sujeto-Verbo

Echemos un nuevo vistazo a la primera oración del pasaje citado más arriba. Es relativamente largo, alcanza las 42 palabras en inglés (95 en castellano); pero eso no es la causa principal de la ardua complejidad. Las oraciones largas no son necesariamente difíciles para leer; sólo son difíciles para escribir. Hemos visto oraciones de más de 100 palabras que fluyen fácil y persuasivamente hacia su destino claramente demarcado. Su estructura presentaba a los lectores la información en el orden en que los lectores la necesitaban y la esperaban.

La primera oración de nuestro fragmento ilustrativo hace justamente lo contrario: recarga y obstruye al lector por un defecto estructural demasiado común. El sujeto gramatical ("el más pequeño") está separado de su verbo ("ha sido identificado") por 23 palabras [*en la versión original en inglés*] y por 33 palabras en castellano, o sea por más de la mitad de la oración. Los lectores esperan que el sujeto gramatical sea seguido inmediatamente por el verbo. Cualquier material de cierta longitud intercalado entre sujeto y verbo se interpreta como una interrupción, y por lo tanto se le asigna menor importancia.

La expectativa del lector nace de una necesidad imperiosa por la resolución sintáctica, la cual sólo se satisface con la llegada del verbo. Sin el verbo, se desconoce en absoluto qué está haciendo el sujeto, y ni siquiera de qué trata la oración. Como resultado, el lector centra su atención en la aparición del verbo y rehusa asignarle mayor importancia al material intercalado. Cuanto más dura la interrupción, tanto más probable resulta que el material intercalado contenga información realmente importante. Pero, desafortunadamente, el lector no descubrirá su verdadero valor hasta que sea demasiado tarde; es decir, hasta que la oración haya concluido sin haberle transmitido nada de valor, salvo aquella dichosa interrupción sujeto-verbo.

En la primera oración del párrafo, la relativa importancia del material intercalado es sumamente difícil de evaluar. Probablemente, tal material podría ser bastante importante, en cuyo caso el escritor debería haberlo ubicado para revelar dicha importancia. He aquí una manera de incorporarlo dentro de la estructura de la oración:

> *El URF más pequeño es el URFA6L, un cuadro de lectura de un nucleótido (nt) de 207 componentes que se solapa fue-*

# LA POSICIÓN DEL ÉNFASIS

> ra de fase de la porción NH2-terminal del gen de la subunidad 6 de la adenosinotrifosfatasa (ATPasa); ha sido identificado como el equivalente animal del gen recientemente descubierto de la subunidad 8 de la levadura H+-ATPasa.

Por el contrario, el material intercalado podría constituir un elemento que desvía la atención de ideas más importantes; en tal caso el escritor debiera haberlo omitido, permitiendo así que la prosa fluyera más directamente hacia su punto significativo:

> El URF más pequeño (URFA6L) ha sido identificado como el equivalente animal del gen recientemente descubierto de la subunidad 8 de la levadura H+-ATPasa.

Sólo el autor podría decirnos cuál de estas revisiones refleja más certeramente sus intenciones.

Dichas revisiones nos conducen a una segunda serie de expectativas del lector. En efecto, se aguarda que cada unidad de discurso, sea cual fuere su tamaño, sirva a una única función. En el caso de una oración, se espera que este punto aparezca en una ubicación reservada para el énfasis.

## La Posición del Énfasis

Es un axioma lingüístico que los lectores naturalmente otorgan mayor énfasis al material que llega al final de una oración, y ésta es la ubicación que denominamos la "posición del énfasis". Si un escritor se percata conscientemente de esta tendencia, puede disponer que la información enfática aparezca en el instante en que el lector está ejerciendo naturalmente la lectura más enfática. Como resultado, aumentan enormemente las probabilidades de que lector y escritor perciban al mismo material como digno de énfasis primario. Así pues, la misma estructura de la oración ayuda a persuadir al lector de los valores relativos del contenido de la oración.

La propensión a dirigir más energía hacia aquello que aparece al final de una oración, parece corresponderse con la manera en que cumplimos las tareas a través del tiempo. En efecto, tendemos a tomar algo así como una "inhalación mental", cada vez que comenzamos a leer una nueva oración, preparándonos, de esa manera, con la tensión necesaria para prestar atención al despliegue de la sintaxis. A medida que reconocemos que la oración está concluyendo, comenzamos a exhalar aquel respiro mental. Dicha exhalación produce una sensación de énfasis. Más aún, nos deleita ser recompensados, al final de una labor, con algo que hace que el esfuerzo haya valido la pena. Comenzar con el material emocionante y terminar opacamente, a menudo nos deja desilusionados y destruye nuestro entusiasmo. Nunca se comienza con la tarta de fresas para terminar con la espinaca.

> *Comenzar con la información emocionante y terminar opacamente, a menudo nos deja desilusionados y destruye nuestro sentido de ímpetu.*

Toda vez que un escritor coloca el material enfático de una oración en un lugar distinto a la posición que le corresponda, puede ocurrir dos cosas, ambas negativas. En primera instancia, el lector podría encontrar que la posición del énfasis está ocupada por material que claramente no es digna de énfasis. En tal caso, deberá discernir, sin ninguna pista estructural adicional, qué otro elemento en la oración puede ser el más probable para el énfasis. Sin embargo, no existen indicaciones estructurales secundarias a las cuales recurrir. En oraciones extensas, densas o sofisticadas, aumentan las probabilidades de que el lector no pueda interpretar aquello que el escritor ha querido decir. La segunda posibilidad es aún peor: el lector puede hallar que la posición del énfasis está ocupada por algo que parece capaz de recibirlo, aún cuando el escritor no haya deseado otorgarlo. En este caso, es altamente probable que el lector recalque este material apócrifo, con el cual el escritor habrá derrochado una vital oportunidad para influenciar la interpretación del lector.

La posición del énfasis puede tener tamaños distintos de oración a oración. A veces consiste en una sola palabra; otras veces se extiende a varios renglones. Sin embargo, el factor definitivo es ineludible: la posición del énfasis coincide con el momento de cierre sintáctico. Un lector ha alcanzado el comienzo de la posición del énfasis cuando sabe que ya no queda nada más en la cláusula u oración, salvo el material que está leyendo en ese instante. Así, una lista entera, numerada y con sangría, puede ocupar la posición del énfasis de una oración siempre que se ha anunciado claramente que constituye todo lo que queda de aquella oración. Cada integrante de aquella lista, a su vez, puede poseer su propia posición del énfasis, ya que cada integrante puede producir su propio cierre sintáctico.

Dentro de una oración, pueden formarse posiciones de énfasis secundarias mediante la aparición de los signos de dos puntos o de punto y coma correctamente utilizados; por convención gramatical, el material que precede a estos signos de puntuación debe ser capaz de valerse por sí sólo como una oración completa. De manera que, la oraciones pueden extenderse sin esfuerzo a docenas de palabras, siempre que haya un cierre sintáctico intermedio para cada trozo de información nuevo y digno de énfasis a lo largo de la serie. Una de nuestras revisiones de la oración inicial puede servir de ejemplo:

*El URF más pequeño es el URFA6L, un cuadro de lectura de un nucleótido (nt) de 207 componentes que se solapa fuera de fase de la porción NH2-terminal del gen de la subunidad 6 de la adenosinotrifosfatasa (ATPasa); ha sido identificado como el equivalente animal del gen recientemente descubierto de la subunidad 8 de la levadura H+-ATPasa.*

Al utilizar un punto y coma, hemos creado una segunda posición del énfasis para acomodar una nueva información que necesita realzarse.

Hasta aquí, hemos propuesto tres principios retóricos basados sobre las expectativas del lector: primero, que los sujetos gramaticales deben seguirse tan pronto como sea posible por sus verbos; segundo, que cada unidad de discurso, sea cual fuere su tamaño, debe cumplir una sola función o expresar un sólo concepto; y, tercero, que la información que ha de realzarse debe ubicarse en el cierre sintáctico. Empleando dichos principios, podremos comenzar a dilucidar los problemas de nuestro ejemplo de prosa.

Nótese en la tercera oración que la separación entre sujeto y verbo alcanza a 62 palabras en el pasaje original:

Luego de encontrar el sujeto ("experimentos"), el lector debe atravesar 27 palabras en inglés (34 en castellano) (incluyendo tres palabras compuestas con guión, una interrupción entre paréntesis y una frase que comienza con "como asimismo") antes de llegar penosamente al verbo escasamente informativo y desilusionante en cuanto a clímax ("han indicado"). Sin tener un momento para recuperarse, el lector se topa con una oración subordinada que comienza con "que" en la cual el nuevo sujeto ("seis URFs humanos") se halla separado de su verbo ("codifican") por 20 palabras más.

Si aplicáramos los tres principios desarrollados a las restantes oraciones del ejemplo, podríamos generar un sinnúmero de versiones revisadas de cada una de ellas. Tales revisiones podrían diferir significativamente unas de otras, según como sus estructuras indiquen al lector las diversas ponderaciones y equilibrios que deben otorgarse a la información. Si el autor hubiera colocado todo el material digno de realce en posiciones del énfasis, nosotros, que integramos una comunidad de lectores, con mucha mayor probabilidad habríamos interpretado estas oraciones de manera uniforme.

*Recientemente, sin embargo, experimentos de inmunoprecipitación con anticuerpos contra la NADH-ubiquinona óxido-reductasa sensible a la rotenona [en lo sucesivo referida como la deshidrogenasa NADH o Complejo I] del tejido cardíaco bovino, como asimismo estudios de fraccionamiento encimático, han indicado que seis URFs humanos (es decir, URF1, URF2, URF3, URF4L y URF5, en lo sucesivo referidos como ND1, ND2, ND3, ND4L y ND5) codifican subunidades del Complejo I.*

Recurrimos deliberadamente al término "probabilidad" porque creemos que el significado no es inherente al discurso en sí mismo, sino que necesita la participación combinada de texto y lector. Todas las oraciones son infinitamente interpretables, dado un número infinito de intérpretes. Sin embargo, en nuestro papel de comunidades de lectores, tendemos a elaborar acuerdos tácitos sobre qué tipos de significados son extraídos más probablemente de ciertas articulaciones. No podemos lograr que siquiera una sola oración signifique una y solo una cosa; sólo podemos aumentar las probabilidades de que una gran mayoría de lectores tiendan a interpretar nuestro discurso de acuerdo con nuestras intenciones. En este sentido, el éxito depende de que los autores se vuelvan más conscientes de las diversas expectativas del lector que presentamos aquí.

He aquí una serie de decisiones concernientes a la revisión que hemos hecho para el ejemplo:

La longitud en sí no fue ni el problema ni la solución. La versión revisada no es apreciablemente más breve que la original; no obstante, resulta significativamente más fácil para interpretar. En efecto, hemos eliminado ciertas palabras, pero no debido a la verbosidad o excesiva extensión (véase en particular la última oración de nuestra revisión).

¿Cuándo resulta demasiado larga una oración? Los creadores de fórmulas para facilitar la lectura tratan de hacernos creer que existe algún número fijo de palabras (el favorito en inglés es 29) más allá del cual una oración es demasiado difícil para leer. No estamos de acuerdo. Hemos visto oraciones de 10 palabras que son virtualmente impenetrables y, como mencionamos más arriba, oraciones de 100 palabras que fluyen sin esfuerzo hacia sus puntos de resolución. En lugar de un límite de palabras, proponemos la siguiente definición: una oración es demasiado larga cuando tiene más candidatos viables para posi-

> *El URF más pequeño, URFA6L, ha sido identificado como el equivalente animal del gen recientemente descubierto de la subunidad 8 de la levadura H+-ATPasa; no obstante, el significado funcional de otros URFs ha sido más esquivo. Recientemente, sin embargo, se ha demostrado que varios URFs humanos codifican subunidades de la NADH-ubiquinona óxido-reductasa sensible a la rotenona. Este es un complejo grande que en lo sucesivo será referido como la deshidrogenasa NADH de la cadena respiratoria o Complejo I. Estudios de fraccionamiento enzimático y experimentos de inmunoprecipitación han indicado que seis subunidades del Complejo I son codificadas por seis URFs humanos (URF1, URF2, URF3, URF4L y URF5); en lo sucesivo estos URFs serán referidos como ND1, ND2, ND3, ND4L y ND5.*

# LA POSICION DEL TÓPICO (TEMA)

ciones del énfasis que el número de posiciones del énfasis disponibles. Sin la pista de ubicación que provee la posición del énfasis en cuanto a que su material requiere realce, los lectores quedan demasiado limitados a sus propios recursos para decidir con exactitud qué otro elemento en la oración podría considerarse importante.

> **No podemos lograr que ni siquiera una sola oración signifique una y solo una cosa; sólo podemos aumentar las probabilidades de que una gran mayoría de lectores tiendan a interpretar nuestro discurso de acuerdo con nuestras intenciones.**

Al revisar el ejemplo, decimos lo que habría de omitir y recalcar. Acercamos sujetos y verbos para disminuir la carga sintáctica del lector; ubicamos el material que creímos digno de realzar en posiciones del énfasis y descartamos material para el cual no encontramos conexiones importantes. Al proceder así, producimos un texto más diáfano, aunque no aquél que necesariamente refleje las intenciones del autor; sino tan sólo nuestra interpretación.. Cuanto más problemática sea la estructura, tanto menos probable resulta que la gran mayoría de lectores perciban el discurso precisamente como el autor hubiera deseado.

Es perfectamente factible que muchos lectores, y quizás hasta los mismos autores, disientan con algunas de nuestras opciones. En tal caso, los desacuerdos no hacen más que subrayar nuestra prédica: que la versión original no logró comunicar claramente sus ideas y sus interconexiones mutuas. Si hubiéramos interpretado el texto de manera similar al lector, podríamos proponer una conclusión distinta: nadie tendría que trabajar tan arduamente como lo hicimos para desenterrar el contenido de un único fragmento.

## La posición del tópico (tema)

Para resumir los principios relacionados con la posición del énfasis, disponemos de la sabiduría proverbial: "guarda lo mejor para el final". Para resumir los principios relacionados con el otro extremo de la oración, que denominaremos la posición del tema, disponemos de su correlativa contradicción proverbial: "las primeras cosas, en primer lugar". En la posición de énfasis, el lector necesita y espera el cierre y el cumplimiento; en la posición del tema, el lector necesita y espera perspectiva y contexto. Dado que la comprensión de la lectura está tan afectada por lo que se dice en la posición del tema, le incumbe al autor controlar cuidadosamente lo que aparece al comienzo de las oraciones.

La información con que comienza una oración establece para el lector una perspectiva desde la cual pueda observar la oración como una unidad indivisible: los lectores esperan que una unidad de discurso sea una historia acerca de lo que aparezca en primer lugar. "Las abejas dispersan el polen" y "El polen es dispersado por las abejas"(*) son dos oraciones distintas pero igualmente respetables acerca de los mismos hechos. La primera nos dice algo acerca de las abejas; la segunda nos dice algo acerca del polen. La pasividad de la segunda oración no disminuye por sí misma su calidad; de hecho, "El polen es dispersado por las abejas" es una oración de calidad superior si aparece en un párrafo cuya intención es contarnos una historia sobre el polen. La historia del polen en aquel momento es una historia pasiva. (*) En castellano puede utilizarse la voz pasiva "El polem se dispersa por las abejas.

Los lectores también esperan que el material que ocupa la posición del tema les provea de la conexión (mirando hacia atrás) y del contexto (mirando hacia adelante). La información en la posición del tema prepara al lector para el material venidero conectándolo hacia atrás con la discusión precedente. Aunque la conexión y el contexto pueden derivar de varias fuentes, se originan primordialmente de material que el lector ya ha encontrado dentro de este particular fragmento de discurso. Nos referimos a esta información familiar, previamente introducida, como "información antigua". Inversamente, el material que hace su primera aparición en un discurso es "información nueva". Cuando la información nueva es lo suficientemente importante como para recibir énfasis, funciona mejor en la posición del énfasis.

Cuando la información antigua llega consistentemente en la posición del tema, ayuda a los lectores a construir el flujo lógico del argumento: enfoca la atención sobre un hilo particular de la discusión, llamando tanto hacia atrás como inclinándose hacia adelante. Por el contrario, si la posición del tema está constantemente ocupada por material que no logra establecer ni la conexión ni el contexto, los lectores experimentarán dificultad en percibir ya sea la conexión con la oración anterior, ya sea el papel proyectado de la nueva oración en el desarrollo íntegro del párrafo.

He aquí un segundo ejemplo de prosa científica que trataremos de mejorar en la discusión posterior:

> *Los grandes terremotos a lo largo de un segmento de falla dado no ocurren a intervalos aleatorios porque tarda un cierto tiempo para acumular la energía de corte para la ruptura. Las tasas\\velocidades a las cuales las placas tectónicas se mueven y acumulan energía de corte a lo largo de sus bordes son aproximadamente uniformes. Por consiguiente, en una primera aproximación, se puede esperar que grandes rupturas del mismo segmento de falla ocurran a intervalos de tiempo aproximadamente constantes. Si ulteriores movimientos sísmicos tienen distintas magnitudes de deslizamiento a través de la falla, entonces el tiempo de recurrencia puede variar, y la idea*

> *básica de grandes energías de corte periódicos debe modificarse. Para rupturas de bordes de grandes placas, la longitud y el deslizamiento a menudo varían según un factor de 2. A lo largo del segmento sureño de la falla de San Andrés, el intervalo de recurrencia es de 145 años, con variaciones de algunas décadas. Cuanto más pequeña resulte la desviación standard del intervalo promedio de recurrencia, tanto más específica podría ser la predicción a largo plazo de un movimiento sísmico.*

Este es precisamente el tipo de pasaje que de manera sutil hace sentir a los lectores incómodos consigo mismos. Las oraciones individuales dan la impresión de haber sido elaboradas con inteligencia: no son ni particularmente largas ni laberínticas; su vocabulario es apropiadamente profesional, pero no excede el conocimiento del lector culto en general y están exentos de errores de gramática y de dicción. En una primera lectura, sin embargo, muchos de nosotros llegamos al final del párrafo sin tener un sentido claro de dónde hemos estado ni hacia donde nos dirigimos. Cuando esto ocurre, tendemos a culparnos por no haber prestado una atención bastante esmerada. En realidad, la falla no reside en nosotros, sino que debe atribuirse al autor.

Podemos poner en evidencia al problema examinando atentamente la información, según la posición del tema de cada oración:

> *Los grandes terremotos*
> *Las tasas\\\velocidades*
> *Por consiguiente, ... se puede esperar [ORDEN INVERTIDO vide infra]*
> *ulteriores movimientos sísmicos [ORDEN INVERTIDO vide supra]*
> *ruptura de bordes de grandes placas*
> *el segmento sureño de la falla de San Andrés*
> *cuanto más pequeña resulte la desviación standard...*

Gran parte de esta información hace su primera aparición en este párrafo, en el preciso lugar donde el lector busca la información antigua y familiar. Como resultado, el enfoque de la historia se desplaza continuamente. Dado únicamente el material ubicado en las posiciones del tema, no es probable que ni dos lectores construyan la misma historia para el párrafo en su integridad.

> *La información con que comienza una oración establece para el lector una perspectiva desde la cual pueda observar la oración como una unidad indivisible.*

Al intentar dilucidar la relación de cada oración con sus vecinas, notamos que ciertos fragmentos de información antigua reaparecen de continuo. Oímos mucho acerca del tiempo de recurrencia entre terremotos. La primera oración introduce el concepto de intervalos no-aleatorios entre terremotos; la segunda oración nos dice que las tasas de recurrencia debidas al movimiento de placas tectónicas son aproximadamente uniformes; la tercera oración agrega que las tasas de recurrencia de grandes terremotos también debieran ser algo predecibles; la cuarta oración agrega que las tasas de recurrencia varían según algunas condiciones; la quinta oración agrega información acerca de una variación en particular; la sexta oración agrega un ejemplo de tasas de recurrencia en California; y la última oración nos dice algo acerca de cómo las tasas de recurrencia pueden describirse estadísticamente. Este refrán\sonsonete de "intervalos de recurrencia" constituye el hilo principal de la información antigua en el párrafo. Desafortunadamente, rara vez aparece al comienzo de las oraciones, donde nos ayudaría a mantener nuestro enfoque sobre la historia continuada.

Al leer, como en la mayoría de las experiencias, agradecemos la oportunidad de familiarizarnos con un nuevo medio ambiente antes de tener que funcionar en dicho medio. Una escritura que una y otra vez comienza las oraciones con nueva información y las concluye con información antigua, retacea tanto el sentido de comodidad y orientación al comienzo como el sentido de realización al llegar al final. Desorienta al lector en cuanto al sujeto del cual se cuenta la historia; lo recarga con nueva información que debe llevar a cuestas dentro de la oración antes de que pueda conectarse a la discusión; y crea ambigüedad en cuanto al material que el escritor desea realzar. Todas estas distracciones exigen que el lector dedique una energía desproporcionada para dilucidar la estructura del texto, dejando menos energía disponible para percibir el contenido.

Podemos, pues, comenzar a revisar el ejemplo asegurando lo siguiente para cada oración:

1. que la información antigua que conecta hacia atrás aparezca en la posición del tema;

2. que la persona, cosa o concepto de cuya historia se trata aparezca en la posición del tema; y

3. que la información nueva y digna de realce aparezca en la posición del énfasis.

Una vez más, si nuestras decisiones concernientes a los valores relativos de la información específica, difieren de aquéllas del lector, podremos culpar al autor, por no haber logrado expresarse. En primer lugar, he aquí una lista de lo que percibimos como material nuevo y enfático de cada oración:

*tiempo para acumular energía de corte a lo largo de una falla*

*aproximadamente uniforme*

*grandes rupturas de la misma falla*

*distintas magnitudes de deslizamiento*

*varían según un factor de 2*

*variaciones de algunas décadas*

*predicciones de futuros movimientos sísmicos*

Ahora bien, basada sobre estos presupuestos de lo que merece énfasis, he aquí nuestra revisión propuesta:

*Los grandes terremotos a lo largo de un segmento de falla dado no ocurren a intervalos aleatorios porque tarda un cierto tiempo para acumular la energía de corte para la ruptura. Las tasas\\velocidades a las cuales las placas tectónicas se mueven y acumulan energía de corte a lo largo de sus bordes, son aproximadamente uniformes. Por consiguiente, en una primera aproximación, intervalos de tiempo casi constantes serían de esperar entre grandes rupturas del mismo segmento de falla. [¿Sin embargo,?] el tiempo de recurrencia puede variar, y la idea básica de movimientos sísmicos periódicos deberá modificarse en caso de que ulteriores movimientos sísmicos tengan distintas magnitudes de deslizamiento a través de la falla. [¿En efecto,?] la longitud y el deslizamiento a menudo varían según un factor de 2. [¿Por ejemplo,?] el intervalo de recurrencia a lo largo del segmento sureño de la falla de San Andrés es de 145 años, con variaciones de algunas décadas. Cuanto más pequeña resulte la desviación standard del intervalo promedio de recurrencia, tanto más específica podría ser la predicción a largo plazo de un movimiento sísmico futuro.*

> *Según nuestra experiencia, la errónea ubicación de la información antigua y la nueva, resulta ser hoy en día, el principal problema en la redacción profesional norteamericana.*

Muchos problemas que estaban en el original han llegado ahora a la superficie por primera vez. ¿Se declara la razón por la cual los terremotos no ocurren aleatoriamente en la primera o en la segunda oración? ¿Son correctos los términos sugeridos ("sin embargo", "en efecto" y "por ejemplo") para expresar las conexiones en esos puntos? (Todas estas conexiones carecían de articulaciones en el párrafo original.) Si "por ejemplo" resulta una frase de transición inexacta, ¿cómo se explica la conexión entre el ejemplo de la falla de San Andrés y las rupturas que "varían según un factor de 2"? ¿Argüye el autor que las tasas de recurrencia deben variar porque los movimientos de fallas varían a menudo? O bien, ¿el autor nos está preparando para una discusión acerca de que a pesar de tal variación todavía podríamos predecir los terremotos? Este último interrogante queda sin contestar porque la oración final deja los terremotos que recurren a intervalos variables y se desplaza a los terremotos que recurren regularmente. Dado que éste es el primer párrafo del artículo, ¿qué tipo de terremoto probablemente procederá a discutir el artículo? En suma, ahora nos enteramos de cómo el párrafo había fracasado en comunicarnos en una primera lectura. Podemos apreciar que la mayor parte de nuestra dificultad no estaba en la deficiencia de nuestra lectura, sino en la incomprensión de nuestras necesidades por parte del autor.

Según nuestra experiencia, la errónea ubicación de la información antigua y nueva resulta ser el problema No. 1 en la redacción del profesional norteamericano hoy en día. No es difícil descubrir el origen del problema. Gran parte de los escritores escriben en forma lineal (de izquierda a derecha) y a través del tiempo. Cuando comienzan a formular una oración, a menudo su primera ansiedad es capturar aquel pensamiento nuevo e importante antes de que se les escurra. Con toda naturalidad, se apresuran a registrar esa nueva información sobre el papel, luego de la cual pueden desarrollar a sus anchas el material contextual que lo conecta al discurso precedente. Los escritores que se comportan habitualmente de esta manera están atendiendo más a su propia necesidad de desprenderse de su información, que a la necesidad del lector de recibir el material. La metodología de las expectativas del lector articula explícitamente sus necesidades y vuelve a los escritores conscientes de los problemas estructurales y de los medios para resolverlos.

Cabe una aclaración. Mucha gente que escuche este consejo estructural tenderá a sobresimplificarlo a la regla siguiente: "Ubique la información antigua en la posición del tema y la información nueva en la posición del énfasis." Lamentablemente, una regla así no es factible. Por definición, toda la información es o bien antigua o nueva, el espacio entre la posi-

# PERCIBIENDO LAS LAGUNAS LÓGICAS

ción del tema y la posición del énfasis también debe llenarse con información antigua y nueva. Por lo tanto, el principio rector (antes que regla) deberá formularse de esta manera: "Ubique en la posición del tema la información antigua que conecta hacia atrás; y ubique en la posición del énfasis la información nueva que desea realzar".

> Ubique en la posición del tema la información que conecta hacia atrás; y ubique en la posición del énfasis la información nueva que desea realzar.

*La entalpía de formación de enlaces hidrógeno entre las bases de nucleósido 2'deoxiguanosina (dG) y 2'deoxicitidina (dC) ha sido determinada por medición directa. dG y dC fueron derivados en los oxhidrilos 5' y 3' con grupos triisopropilsilílicos para obtener la solubilidad de los nucleósidos en solventes no-acuosos y para impedir que los oxhidrilos de la ribosa formen enlaces hidrógeno. A partir de mediciones de titulación isoperibólica, la entalpía de formación del par base dC:dG es de -6.65 ± 0.32 kcal/mol.*

## *Percibiendo las lagunas lógicas*

Cuando la información antigua no aparece en absoluto en una oración, ya sea en la posición del tema o en otro lugar, los lectores quedan liberados a sus propios recursos para construir el enlace lógico. Esto ocurre a menudo cuando las conexiones son tan claras para el escritor que le parece innecesario articularlas; en esos casos, los escritores subestiman las dificultades y ambigüedades inherentes al proceso de lectura. Nuestro tercer ejemplo intenta demostrar cómo el prestar atención a la colocación de la información antigua y nueva, puede revelar dónde un escritor ha dejado de articular conexiones esenciales.

Si bien, parte de la dificultad en la lectura de este pasaje puede originarse en la abundancia de términos técnicos especializados, una parte importante de esa dificultad debe atribuirse a problemas estructurales. Dichos problemas ya nos resultan familiares: no estamos seguros en todo momento de qué ente se cuenta la historia; en la primera oración el sujeto y el verbo están ampliamente separados; la segunda oración sólo dispone de una posición de énfasis, pero posee dos o tres informaciones que probablemente sean dignas de realzar ("solubilidad ... solventes", "impedir ... formen enlaces hidrógeno" y quizás "grupos triisopropilsilílicos"). Estas observaciones sugieren las siguientes tácticas de revisión:

1. Invirtamos la primera oración, de modo que (a) la conexión sujeto-verbo-complemento no resulte partida, y (b) "dG" y "dC" sean introducidos en la posición del énfasis como información nueva e interesante. (Nótese que la inversión de la oración requiere explicitar quien realizó la medición; ya que los autores efectuaron la primera medición directa, reconocer su agencia en la posición del tema bien puede resultar apropiado.)

2. Ya que "dG" y "dC" se convierten en información antigua en la segunda oración, mantengámoslas prominentes en la posición del tema.

3. Ya que "grupos triisopropilsilílicos" es aquí una información nueva e importante, otorguémosles una posición de énfasis.

4. De esta manera, "grupos triisopropilsilílicos" se convierte en la antigua información de la cláusula en que se describen sus efectos; coloquémoslos en la posición del tema de dicha cláusula.

5. Alertemos al lector para que aguarde la llegada de dos efectos distintos, utilizando las palabras clave "tanto ... como", las cuales anuncian al lector que dos informaciones llegarán en una única posición del énfasis.

He aquí una revisión parcial basada sobre estas decisiones:

*Hemos medido directamente la entalpía de formación de enlaces hidrógeno entre las bases de nucleósido 2'deoxiguanosina (dG) y 2'deoxicitidina (dC). dG y dC fueron derivados en los oxhidrilos 5' y 3' con grupos triisopropilsilílicos; estos grupos sirven tanto para solubilizar los nucleósidos en solventes no-acuosos como para impedir que los oxhidrilos de la ribosa formen enlaces hidrógeno. A partir de mediciones de titulación isoperibólica, la entalpía de formación del par base dC:dG es de -6.65 ± 0.32 kcal/mol.*

A grandes rasgos, los contornos del experimento ya se vuelven visibles, pero existe todavía una importante laguna lógica. Luego de leer la segunda oración, esperamos enterarnos más acerca de los dos efectos que fueron lo sufucientemente importantes como para ser ubicados en la posición de énfasis. Pero tales expectativas resultan frustradas, sin embargo, cuando dichos efectos no son ni siquiera mencionados en la oración siguiente: "A partir de mediciones de titulación isoperibólica, la entalpía de formación del par base dC:dG es de -6.65 ± 0.32 kcal/mol." Los autores han omitido explicar la relación entre la derivación que realizaron (en la segunda oración), y las mediciones que efectuaron (en la tercera oración). Irónicamente, éste constituye el punto clave que más deseaban recalcar.

# UBICANDO LA ACCIÓN

En esta coyuntura, lectores particularmente astutos como son los químicos, podrían recurrir a su conocimiento especializado, suministrando silenciosamente la conexión que falta. Otros lectores son abandonados en la oscuridad. Damos aquí la versión de lo que pensamos deseaban los autores decir, con dos oraciones adicionales provistas gracias a un conocimiento de la química de los ácidos nucleicos:

> *Hemos medido directamente la entalpía de formación de enlaces hidrógeno entre las bases de nucleósido 2'deoxiguanosina (dG) y 2'deoxicitidina (dC). dG y dC fueron derivados en los oxhidrilos 5' y 3' con grupos triisopropilsilílicos; estos grupos sirven tanto para solubilizar los nucleósidos en solventes no-acuosos, como para impedir que los oxhidrilos de la ribosa formen enlaces hidrógeno. Por consiguiente, cuando los nucleósidos derivados se disuelven en solventes no-acuosos, los enlaces hidrógeno se forman casi exclusivamente entre las bases. Dado que los enlaces hidrógeno inter-base son los únicos enlaces que se forman al mezclar, puede determinarse directamente su entalpía de formación midiendo la entalpía de la mezcla. A partir de nuestras mediciones de titulación isoperibólica, la entalpía de formación del par base dC:dG es de -6.65 ± 0.32 kcal/mol.*

Cada oración procede ahora lógicamente de la anterior. En ningún caso nos vemos obligados a deambular excesivamente por el cuerpo de la oración sin enterarnos dónde estamos y cuáles son los hilos anteriores del discurso que se está desarrollando. Por añadidura, las "mediciones" de la última oración se han convertido en información antigua, conectando hacia atrás con la "determinación directa" de la oración precedente. (Además, se satisface la promesa implícita que "hemos medido directamente" con que comenzó la oración.) Aplicando así nuestro conocimiento acerca de las expectativas del lector, hemos podido detectar discontinuidades, sugerir estrategias para superar lagunas, y rehacer la estructura de la prosa, facilitando así el acceso a su contenido científico.

## *Ubicando la acción*

Nuestro ejemplo final agrega a la lista otra expectativa prioritaria del lector.

> *La transcripción de los 55 genes del ARN en el extracto de huevo es dependiente del TFIIIA. Esto es sorprendente porque la concentración de TFIIIA es la misma que en el extracto nuclear del oocito. Se supone que los otros factores de transcripción y la ARN-polimerasa III, están en exceso sobre el TFIIIA disponible, porque los genes tARN son transcriptos en el extracto de huevo. La adición del extracto de huevo al extracto nuclear del oocito tiene dos efectos so-*

*bre la eficiencia de la transcripción. Primero, hay una inhibición general de la transcripción que puede aliviarse, en parte, por suplementación con altas concentraciones de ARN-polimerasa III. Segundo, el extracto de huevo desestabiliza a los complejos de transcripción formados con los 5S genes del ARN del oocito, pero no con los somáticos.*

Son tantas las barreras para comprender este pasaje, que parece difícil saber por dónde comenzar la revisión. Afortunadamente, no importa dónde comenzamos, ya que prestar atención a cualquier problema estructural importante, nos conduce eventualmente a todos los demás.

Podemos detectar una fuente de dificultad examinando las posiciones del tema de las oraciones: en efecto, no podemos enterarnos de quién trata la historia. El foco de la historia (es decir, el ocupante de la posición del tema), cambia en cada oración. Si buscamos una información antigua que se repita, con la esperanza de localizar un buen candidato para varias posiciones del tema, hallamos varios: extracto de huevo, TFIIIA, extracto de oocito, ARN-polimerasa III, 5S ARN, y transcripción. Todos reaparecen en varios puntos, pero ninguno de ellos se anuncia claramente como foco primario. Parece como si el fragmento intentara contarnos diversas historias simultáneamente, sin permitir que ninguna sea la dominante.

No podemos decidir entre tales historias, porque el autor no nos ha dicho qué hacer con toda esa información. Sabemos quiénes son los jugadores, pero ignoramos las acciones que se suponen que han de realizar. Esto viola otra importante expectativa del lector: que la acción de una oración sea articulada por el verbo.

He aquí una lista de los verbos en el párrafo del ejemplo:

> es
> es ... es
> se supone que ... están
> son transcriptos
> tiene
> es ... puede aliviarse
> desestabiliza

La lista provee poquísimas pistas en cuanto a qué acciones verdaderamente ocurren en el fragmento. Si las acciones no se hallan en los verbos, nosotros, como lectores, no disponemos de pistas estructurales secundarias para localizarlas. Cada uno de nosotros debe interpretar adivinando; el escritor ya no controla la interpretación del lector.

*Como lectores científicos críticos, preferiríamos concentrar nuestra energía sobre la factibilidad de que los experimentos demuestren o no las hipótesis.*

# LA ESCRITURA Y EL PROCESO CIENTÍFICO

Peor todavía: en este pasaje las acciones importantes jamás aparecen. Por lo que entendemos de este material, los verbos que conectan estos jugadores son "limita" e "inhibe". Si expresamos aquellas acciones como verbos y ubicamos la información que ocurre con mayor frecuencia ("extracto de huevo" y "TFIIIA") en la posición del tema, siempre que sea posible, podemos generar la siguiente revisión:

> *En el extracto de huevo, la disponibilidad de TFIIIA limita la transcripción de los 55 genes del ARN. Esto es sorprendente porque la misma concentración de TFIIIA no limita la transcripción en el extracto nuclear del oocito. En el extracto de huevo, la transcripción no está limitada por la ARN-polimerasa u otros factores, porque la transcripción de genes tARN indica que estos factores están en exceso sobre el TFIIIA disponible. Cuando se adiciona al extracto nuclear, el extracto de huevo afecta la eficiencia de la transcripción de dos maneras. Primero, inhibe la transcripción en general; esta inhibición podría aliviarse, en parte, por suplementación de la mezcla con altas concentraciones de ARN-polimerasa III. Segundo, el extracto de huevo desestabiliza a los complejos de transcripción formados por los 55 genes del ARN del oocito, pero no por los somáticos.*

Como una historia sobre "el extracto de huevo", este pasaje todavía deja algo que desear, pero al menos ahora podemos reconocer que el autor no ha explicado la conexión entre "limita" e "inhibe". Esta conexión sin articular nos parece contener ambas hipótesis del autor: primero, que la limitación de la transcripción es causada por un inhibidor de TFIIIA presente en el extracto de huevo; y, segundo, que la acción de ese inhibidor puede detectarse adicionando el extracto de huevo al extracto de oocito y examinando el efecto sobre la transcripción. Como lectores científicos críticos, preferiríamos concentrar nuestra energía sobre la factibilidad que los experimentos demuestran y no sobre las hipótesis. No podemos comenzar a hacerlo si dudamos cuáles son estas hipótesis, y consumimos así nuestra mayor energía en discernir la estructura de la prosa antes que en enterarnos de su substancia.

## *La escritura y el proceso científico*

Comenzamos este artículo señalando que los pensamientos complejos expresados en prosa impenetrable, pueden tornarse accesibles y claros, sin minimizar en un ápice su complejidad. Nuestros ejemplos de escritura científica han oscilado de lo meramente borroso a lo virtualmente opaco; no obstante, todos ellos pudieron volverse significativamente más comprensibles observando los siguientes principios estructurales:

> 1. Haga seguir un sujeto gramatical por su verbo tan pronto como sea posible.

2. Ubique en la posición del énfasis la "información nueva" que desea que destaque el lector.

3. Ubique la persona o cosa cuya "historia" está contando la oración al comienzo de la misma, en la posición del tema.

4. Ubique "información antigua" apropiada (material ya presentado en el discurso), en la posición del tema, para conectarla hacia atrás, y contextualizarla hacia adelante.

5. Articule la acción de cada cláusula u oración con su verbo.

6. En general, provea al lector de un contexto, antes de pedirle que considere algo nuevo.

7. En general, trate de asegurar que los énfasis relativos de la substancia, coincidan con las relativas expectativas de énfasis suscitadas por la estructura.

Ninguno de estos principios concernientes a las expectativas del lector, deben considerarse como "re-

> Puede parecer evidente que un documento científico "resulta incompleto" sin la interpretación del escritor; puede parecer menos evidente que tal documento "no puede existir" sin la interpretación de cada lector.

glas". Una obediencia ciega a las mismas no garantizará el éxito más que una obediencia ciega a evitar errores gramaticales o a usar la voz activa en vez de la pasiva. No puede existir un algoritmo fijo para la buena escritura, por dos razones. Primero, demasiadas expectativas del lector están funcionando en cualquier momento dado para que las decisiones estructurales permanezcan claras y fácilmente activadas. Segundo, cualquier expectativa del lector puede violarse con buen resultado. Nuestros mejores prosistas resultan ser nuestros más habilidosos violadores, pero, a fin de lograr el éxito, deben satisfacer las expectativas del lector la mayor parte del tiempo, a fin de que las violaciones sean percibidas como momentos excepcionales, dignos de tenerlos en cuenta.

El estilo personal de un escritor es la suma de todas sus elecciones estructurales cuando encara los desafíos de la creación del discurso. Es probable que los escritores que fracasan en colocar la información nueva en la posición del énfasis de muchas oraciones en un documento, repitan dicho patrón estructural obstructivo en todos los demás documentos. Sin embargo, por la misma razón por la cual tienden a ser reiterativos en hacer tales elecciones, pueden aprender a mejorar su estilo; es decir, pueden revertir permanentemente esas habituales decisiones estructurales que desorientan o abruman a los lectores.

Hemos señalado que la substancia del pensamiento y su expresión están tan inextricablemente entrelazadas, que cambios en una de ellas afectará la calidad de la otra. Notemos que sólo el primero de nuestros ejemplos (el párrafo acerca de los

URFs), pudo revisarse en base a la metodología propuesta para culminar en un pasaje casi terminado. En todos los demás ejemplos, la revisión reveló la existencia de lagunas conceptuales y otros problemas que habían quedado sumergidos en los originales por disfuncionalidad estructural. La dilucidación de las lagunas requirió la inserción de material adicional. Al revisar cada uno de estos ejemplos, llegamos a un punto en que no pudimos proceder más allá sin proveer, por nuestra cuenta, conexiones entre ideas, o bien eliminar por entero algún material existente. (Los escritores que recurren a los principios de expectativas del lector en su propia prosa no se verán obligados a conjeturar o inferir; ellos sabrán perfectamente lo que la prosa ha de transmitir.) Habiendo comenzado por analizar la estructura de la prosa, arribamos eventualmente a reinvestigar la substancia de la ciencia.

En efecto, la substancia de la ciencia no sólo consiste en el descubrimiento y registro de los datos, sino que se extiende crucialmente a incluir el acto de interpretación. Puede parecer evidente que un documento científico "resulta incompleto" sin la interpretación del escritor; puede parecer menos evidente que tal documento "no puede existir" sin la interpretación de cada lector. En otras palabras, los escritores no pueden "meramente" registrar los datos, aún cuando traten de hacerlo. En cualquier registro o articulación, por más fortuita o confusa que puede resultar, cada palabra reside en una o más ubicaciones estructurales distintas. La estructura resultante, aún más que los significados de las palabras individuales, ejerce una influencia significativa sobre el lector durante el acto de interpretación. Entonces el interrogante que se plantea es si la estructura creada por el escritor, ya sea a sabiendas o no, ayuda u obstruye al lector en el proceso de interpretar la escritura científica.

Los principios de escritura que hemos sugerido aquí, hacen que el escritor se vuelva consciente de algunas de las pistas interpretativas que los lectores derivan de las diversas estructuras. Munido de este conocimiento, el escritor puede lograr un control muchísimo mayor (aunque nunca completo) de los procesos interpretativos del lector. Como función concomitante, los principios ofrecen al escritor, simultáneamente, una renovada visión interior del proceso mental que produjo la ciencia. De manera profunda y veraz, la estructura de la prosa se convierte, pues, en la estructura del argumento científico. Mejorar a una de ellas conduce a la mejorar la otra.

---

\* *El parrafo completo incluye una oración más: "El apoyo para tal identificación funcional de los productos de los URFs ha provenido del hallazgo que la NADH desidrogenasa sensible a la rotenona purificada de la* **Neurospora crassa** *contiene varias sustancias sintetizadas dentro de los mitocondrios, y de la observación que el mutante detenedor de* **Neurospora crassa**, *cuyo ADNmt carece de dos genes homólogos a URF2 y URF3, no posee complejo I funcional." Hemos omitidos esta oración porque el pasaje ya es de por sí bastante extenso y porque no suscita ninguna controversia estructural adicional.*

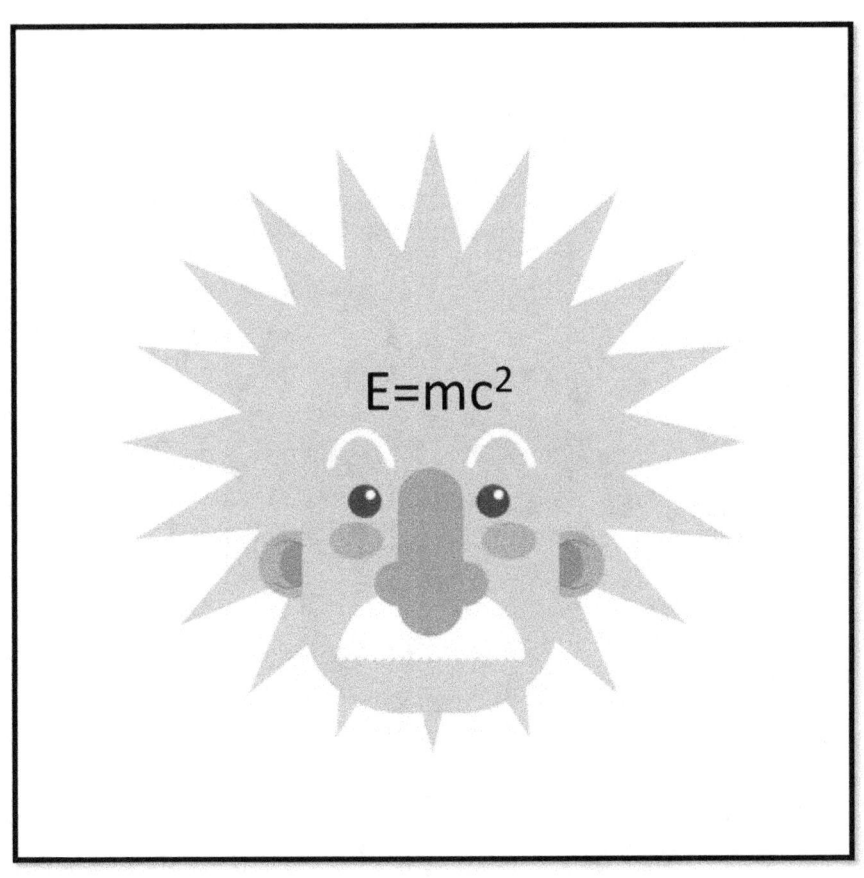

Una imagen vale más que mil palabras

# LA CIENCIA DE LA GRAFICACIÓN CIENTÍFICA

Las ilustraciones científicas a menudo son complejas y difíciles de interpretar. Esta dificultad, puede ser debida a que algunos gráficos, no cumplen con su principal objetivo: esclarecer, facilitar y resumir en forma concisa y amena, las ideas, los resultados o las conclusiones del comunicador científico.

Al igual que el lenguaje escrito, el lenguaje visual está constituido por letras, palabras, signos y por líneas, contornos, colores, tonos, escalas, proporciones, pero además por innumerables mensajes "intrínsecos"; por ejemplo: simetría, asimetría, unidad, fragmentación, audacia, sutileza, complejidad, sencillez, regularidad, irregularidad, representatividad, abstracción, verticalidad, horizontalidad, movimiento, pasividad, equilibrio, y otros. La profesora Donis A. Dondis, ilustra magistralmente algunas de éstas expresiones del lenguaje visual* dando a entender que un gráfico puede constituirse por si mismo, en un eficaz lenguaje de comunicación.

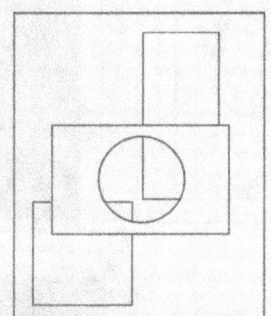

Figura 1. EQUILIBRIO

El equilibrio, juntamente con el contraste, son las referencias visuales mas fuertes y firmes. De hecho, la necesidad psicológica y física de equilibrio es posiblemente la influencia mas importante de la percepción humana (Figura 1). Por otro lado, la inestabilidad es la ausencia de equilibrio y da lugar a formulaciones visuales provocadoras e intrigantes. (Figura 2)

Figura 2. INESTABILIDAD

\* *Gráficas adaptados y reproducidos del libro "La sintaxis de la imagen", con la autorización de Editora Gustavo Gili, S.A. Barcelona.*

La simetría y la asimetría también son referencias visuales con fuerza intrínseca.

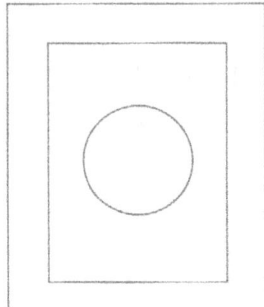 

*Figura 3. SIMETRIA*

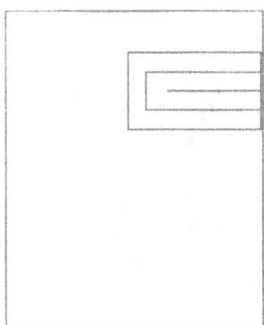  

*Figura 4. ASIMETRIA*

La regularidad es uniformidad. Sigue un orden que parece no admitir desvíos.

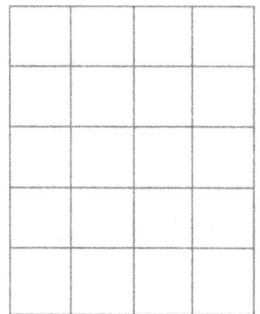  

*Figura 5. REGULARIDAD*

La irregularidad realza lo inesperado e insólito, sin ajustarse demasiado a planes desifrables.

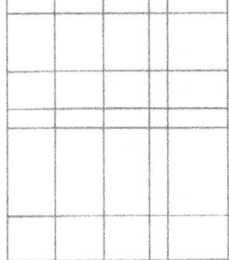 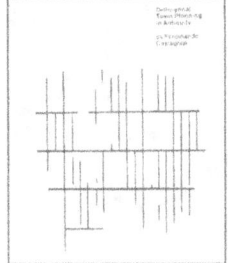 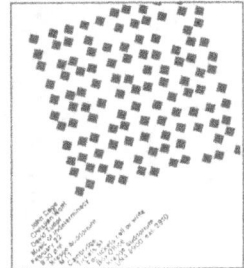

*Figura 6. IRREGULARIDAD*

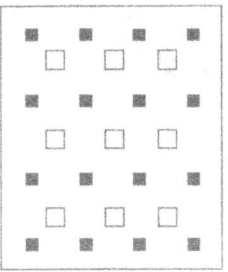  

*Figura 7 SIMPLICIDAD*

La simplicidad parece estar libre de complicaciones "reglas" y elaboraciones secundarias

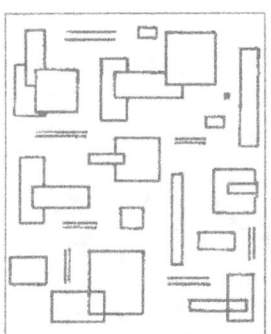 

*Figura 8. COMPLEJIDAD*

  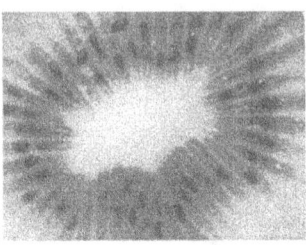

*Figura 9. UNIDAD*

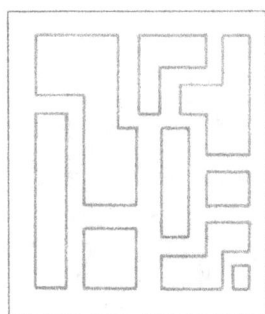 

*Figura 10. FRAGMENTACION*

La reticencia busca llamar la "máxima" atención ante "mínimos" elementos.

*Figura 11. RETICENCIA*

La exageración es ampulosidad de expresión. Va mas allá de la verdad para lograr intensificar y ampliar.

*Figura 12. EXAGERACION*

La sutileza es una manifestación visual de gran delicadeza y refinamiento que induce a soluciones ingeniosas.

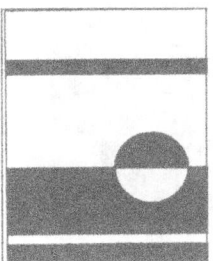  

*Figura 13. SUTILEZA*

La audacia: enfatiza, aumenta y provoca.

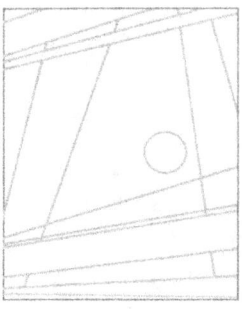 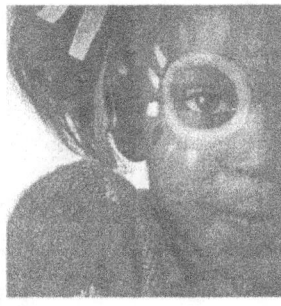 

*Figura 14. AUDACIA*

La coherencia expresa complejidad visual "lógica", uniforme y constante.

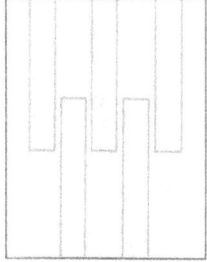  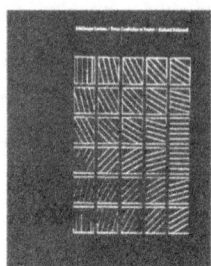

*Figura 15. COHERENCIA*

La variación denota cambio y movimiento.

*Figura 16. VARIACION*

Es muy importante enfatizar que un gráfico, puede causar poco o gran impacto, dependiendo de la forma de su presentación. Así lo demuestran los siguientes ejemplos:

*Figura 15. POCO IMPACTO*    *Figura 16. GRAN IMPACTO*

Existen algunas diferencias, entre los gráficos preparados para ser publicados en revistas o libros científicos, y los preparados para ser utilizados en conferencias (diapositivas). Sin embargo, en ambos casos, los gráficos, no tienen que constituirse en un obstáculo, sino más bien, en un medio facilitador y esclarecedor. A continuación presentamos algunos ejemplos de gráficos apropiados e inapropiados, para ser publicados o utilizados como diapositivas.

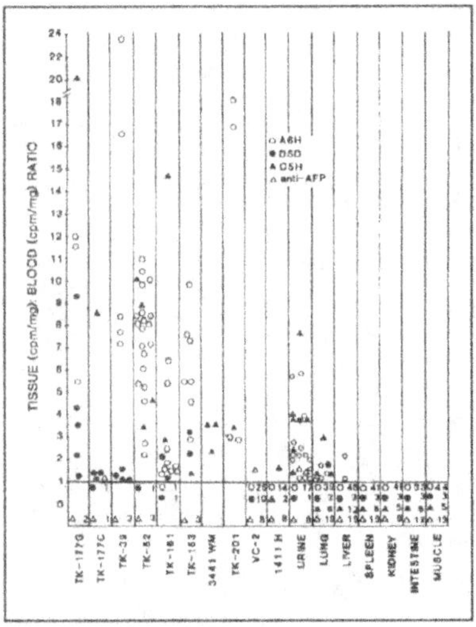

**Figura 17.** Gráfico Inapropiado para ser publicado o utilizado como diapositiva. Este gráfico, además de denso y complejo, tiende a confundir al lector. Posee demasiada información y una exagerada cantidad de líneas, abreviaturas y signos. La ubicación y disposición de las leyendas dificultan la interpretación. Este tipo de gráficos, son los que habitualmente, agotan y confunden al lector.

**Figura 18.** Tabla Apropiada para ser publicada, pero inapropiada como diapositiva. Esta tabla contiene información valiosa, clara y fácil de comprender. El título resume adecuadamente el contenido. Sin embargo, es inapropiado como diapositiva, por la extensión del encabezamiento. Acortando el título, puede transformarse en una excelente diapositiva. Figura 19.

Tabla 1. Ingesta diaria de calcio (elemento) recomendada según edad o condición por el National Institute of Health, USA

| Edad o Condición | Calcio (mg/día) |
|---|---|
| 0 a 6 meses | 360 |
| meses a 1 año | 540 |
| 1 a 10 años | 800 |
| 10 a 18 años | 1200 |
| 19 años o más | 1000 |
| Embarazo | 1500 |
| Menopausia | 1500 |

| INGESTA RECOMENDADA DE CALCIO ||
|---|---|
| Edad o Condición | Calcio (mg/día) |
| 0 a 6 meses | 360 |
| meses a 1 año | 540 |
| 1 a 10 años | 800 |
| 10 a 18 años | 1200 |
| 19 años o más | 1000 |
| Embarazo | 1500 |
| Menopausia | 1500 |

**Figura 19.** Al acortar el encabezamiento de la figura 18, la tabla puede ser utilizada como diapositiva.

Algunas ilustraciones científicas presentan problemas derivados de la "inadecuada" forma de presentar la estadística empleada. (Gráficos 20,21,22)

**Figura 20A.** La gran dispersión de los desvíos standard (DS) tienden a "ensuciar" el gráfico. Especificando la media $\pm$ DS en el texto y omitiendola en el gráfico, se podría "limpiar" el mismo. (Figura 20B)

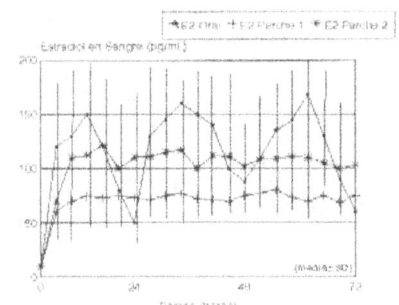

*Figura 20 A.*

**Figura 20B.** Esta Figura cumple con el objetivo de demostrar los diferentes comportamiento cinéticos de diferentes preparados de estrógeno.

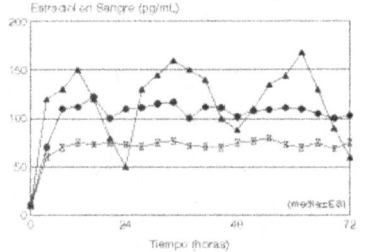

*Figura 20 B.*

**Figura 21A** . Este gráfico da a entender que el producto X aumentó significativamente la masa ósea, y que el placebo, la disminuyó. Aunque este gráfico "cumple" con el objetivo perseguido, desconoce que el coeficiente de variación (CV) del equipo empleado (densitómetro). es del 1 % (Figura 21 B). Por lo tanto, este gráfico carece de valor científico.

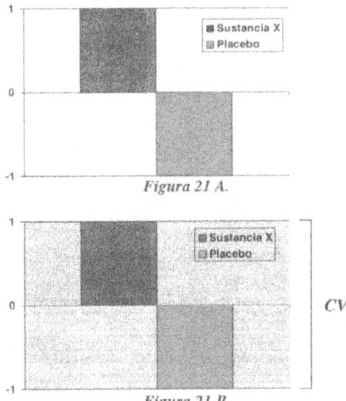

*Figura 21 A.*

*Figura 21 B.*

CV

**Figura 22A.** Este gráfico describe "pérdida" en forma "positiva". Desorienta al lector, quien tiene que "ver" entre líneas la pérdida mencionada. Una reestructuración de la forma de presentar los resultados, permitirá hacer más evidente lo que realmente se quiere sugerir. (Figura 22 B).

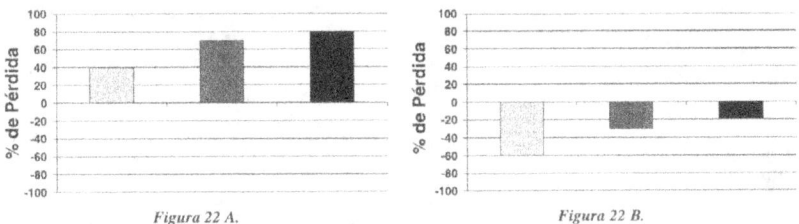

*Figura 22 A.*    *Figura 22 B.*

La figura 23, posee demasiada información secundaria, la cual diluye y opaca la información importante. Un principio fundamental de cualquier lustración es contener "únicamente" la información esencial.

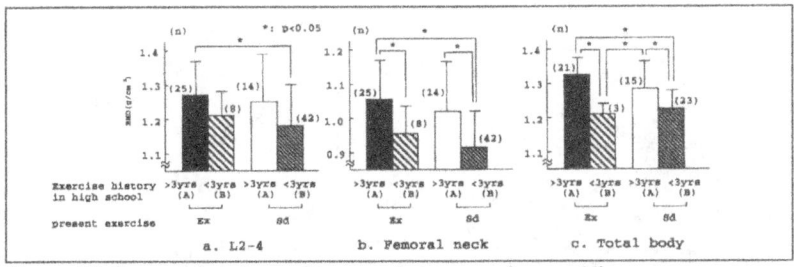

**Figura 23.** Demasiada información secundaria, opaca la esencial.

49

La figura 24, es un ejemplo de excelente calidad tanto científica como artística. Resume en forma sencilla y diáfana la prevalencia de fracturas vertebrales en hombres y mujeres mayores de 85 años. A simple vista se puede observar que las mujeres se fracturan más que los hombres y que las vértebras T12 y L1 son las que más se fracturan.

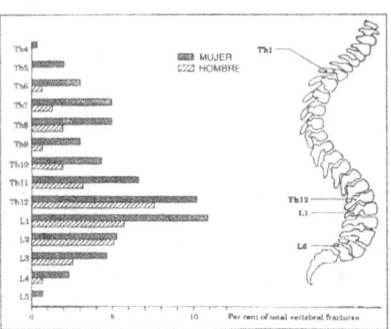

Figura 24.

Otro ejemplo de graficación adecuada, es la figura 25. Rápidamente se puede concluir que existe una muy buena correlación entre un evento y el otro.

**Figura 25.** Correlación entre la masa ósea predecida y encontrada.

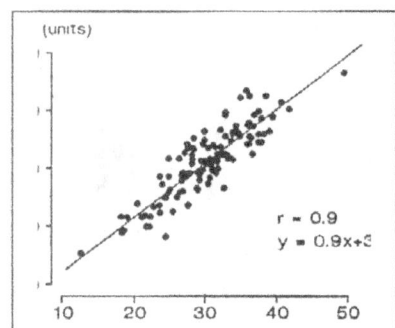

Las figuras 26 y 27 son ejemplos de gráficos de alta calidad. Poseen mucha información, pero adecuadamente distribuida y diferenciada, permitiendo obtener conclusiones en forma rápida.

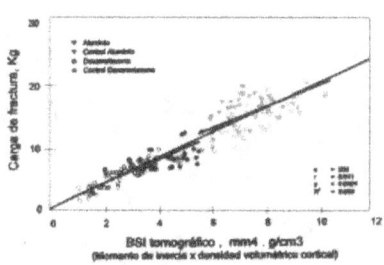

Figura 26. Correlación positiva y lineal

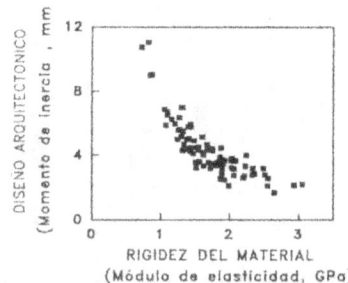

Figura 27. Correlación negativa

Las figuras 27 y 28, merecen un comentario aparte. La figura 27 es una tabla-figura que ha logrado resumir en forma clara y amena la "interacción" de varios fenómenos simultáneos y diferentes. La figura 28, también posee "mucha" información, pero tan bien distribuida, que se torna sencilla su interpretación. El lector podra obtener de estas dos figuras, valiosísima y compleja información, en forma rápida y placentera.

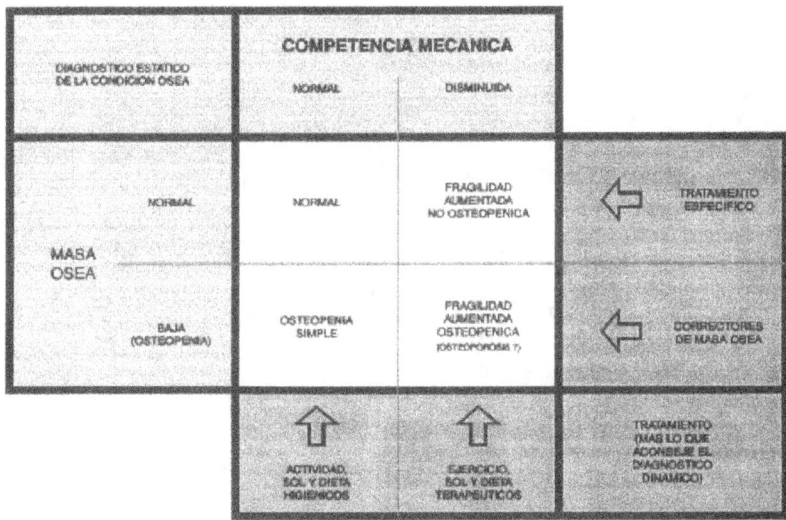

**Figura 27.** Relación entre competencia mecánica, masa ósea y tratamiento.

Habitualmente, en las publicaciones científicas, se utilizan dos tipos de gráficos: tablas e ilustraciones. Las tablas están constituidas por un encabezamiento superior, leyendas y líneas. Las ilustraciones incluyen: figuras, dibujos, fotografías, croquis, formulas, y otros. Las ilustraciones no poseen encabezamiento, pero sí leyendas. Al final de este artículo se resumen algunas reglas útiles para la confección de tablas y figuras científicas.

Cuando se confeccionan gráficos científicos, hay que tener en cuenta cuatro aspectos: contenido, estilo, color y espacio.

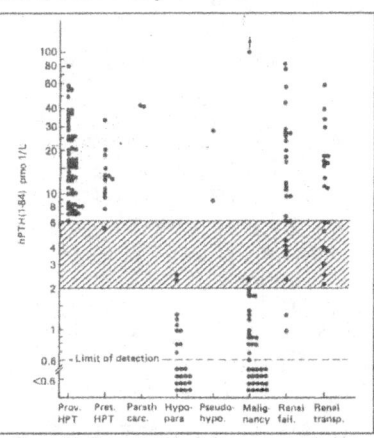

*Figura 28. Concentración de hormona paratiroides (PTH) circulante, en diversas enfermedades.*

51

### Contenido:

El gráfico científico debe contener información clara, exacta y coherente. Siempre debe coincidir el título (o la leyenda) con el contenido del gráfico.

### Estilo:

Es conveniente utilizar un solo tipo de letra y técnicas gráficas similares.
* Letras mayúsculas, para el título.
* Letras minúsculas para el texto.
* Los asteriscos (bullets) son adecuados para enfatizar puntos claves. No los enumere, para que no distraigan la atención de los oyentes, al tratar de recordar la secuencia.
* No utilice más de 15 ó 20 palabras en cada diapositiva. Si requiere más de 20 palabras, confeccione dos o más diapositivas.

### Color:

El color está "cargado" de información. Está considerado como una de las experiencias visuales más penetrantes, por lo tanto constituye una valiosísima fuente de comunicación. El color posee tres dimensiones mensurables: matiz, saturación y brillo.

El matiz o croma, es el "color en sí mismo". Hay más de cien matices, cada uno con características propias; sin embargo, hay solamente tres matices primarios y tres secundarios. Los matices primarios son el amarillo, el rojo y el azul, y los secundarios, el anaranjado, el verde y el púrpura. El amarillo es el color más próximo a la luz y al calor; el rojo es el mas emocional y activo; el azul es el mas pasivo o suave. El amarillo y el rojo tienden a expandirse y el azul a contraerse. El rojo, provocador, se amortigua cuando se lo mezcla con el azul y se activa con el amarillo.

La saturación es la "pureza" de un color con respecto al color gris y el brillo, depende de las gradaciones tonales, que van desde la luz a la obscuridad. El amarillo es el matiz más próximo al blanco-luz, y el púrpura el más cercano al negro-obscuridad.

Habitualmente, los artistas gráficos utilizan el blanco y negro para confeccionar tablas y figuras en libros o revistas científicas, y utilizan fondo oscuro con inscripciones o dibujos en color, para confeccionar diapositivas. Sin embargo, el uso de una amplia variedad de colores y estilos en un mismo gráfico, tiende a confundir.

### Espacio:

Los gráficos deben estar bien balanceados, con mucho espacio entre líneas. El doble espacio suele ser mejor. Aunque es conveniente dejar márgenes y bordes generosos, no es recomendable "amontonar" el texto en el centro del gráfico. Las diapositivas horizontales son más convenientes que los verticales, debido a que estas últimas, frecuentemente no caben en la pantalla. De ser posible, no mezcle diapositivas verticales y horizontales en la misma presentación.

Es de fundamental importancia que todas las formas de comunicación visual (gráficos, dibujos, figuras, tablas) se constituyan por sí mismas en un efectivo lenguaje de comunicación, sea éste, realista, abstracto o simbólico. Cada gráfico debería llegar a constituirse en "la expresión artística de una idea científica".

*Para la mejor confección de gráficos científicos (tablas, ilustraciones y leyendas) un Comité Internacional de editores de revistas biomédicas, efectúo las siguientes recomendaciones:*

## Tablas

* Enumerar consecutivamente: tabla 1, tabla 2, ...
* Proporcionar a cada tabla un breve título, y a cada columna un encabezamiento abreviado.
* Ubicar las explicaciones adicionales en notas al pie de página (no en el encabezamiento).
* Aclarar el significado de las abreviaturas (no standard) utilizadas.
* Indicar las medidas estadísticas que correspondan: media ± desvió standard (x ± SD) o media ± el error standard (x ± SEM), y otras.
* Si se utilizan datos de otra fuente, acreditarlos, previa solicitud del permiso correspondiente.
* En el texto, se debe citar cada tabla en orden consecutivo.
* Demasiadas tablas (en relación a la longitud del texto), pueden ocasionar dificultades para su ubicación y disposición.
* Escribir a doble espacio.
* No presentar fotografías como tablas.
* Confeccionar las tablas en hojas separadas.

## Ilustraciones

* Las figuras deben estar confeccionadas o fotografiadas en forma apropiada.
* Las leyendas escritas a mano o a máquina son inaceptables.
* Las fotografías deben ser nítidas, en papel brillante, en blanco/negro o en color; usualmente de 127 x 173 mm (no mayores de 203 x 254 mm).
* Las letras, los números y los símbolos deben ser claros y del tamaño suficiente, para que al ser reducidos, puedan ser leídos con facilidad.
* Los títulos y las explicaciones, deben ser colocadas en la sección "leyendas", y no en las ilustraciones.
* Cada figura debe llevar una etiqueta pegada al dorso de la misma, indicando el número de figura, los nombres de los autores, y el título. No se debe escribir al dorso de las figuras.
* Las microfotografías deben poseer marcadores internos de escala. Los símbolos, flechas o letras deben contrastar con el fondo.
* Si se usan fotografías de personas, no deben ser identificables, en caso contrario, debe solicitarse un permiso escrito de la/s persona/s fotografiada/s.
* En el texto, mencione cada figura en orden consecutivo.
* Si alguna figura ha sido publicada, reconozca la fuente original y presente un permiso escrito del autor y/o editor.
* Si se utilizan ilustraciones en color, suministre negativos color o transparencias en positivo. Algunas revistas sólo publican ilustraciones en color si el autor paga un costo extra.
* Escribir las leyendas de las ilustraciones a doble espacio, en hojas separadas y numeradas con números arábigos. Cuando se utilizan símbolos, flechas, números o letras para identificar partes de la ilustración, identifique y explique cada uno de ellos.

Para obtener detalles específicos de los requerimientos necesarios para escribir artículos científicos (introducción, métodos, resultados, discusión, resumen, conclusiones y referencias), consultar los requerimientos de cada revista en particular o el informe del Comité de Editores Style Matters, Uniform requirements for manuscripts submitted to biomedical journals, British Medical Journal, 1982, V284:1766-1770.

## Algunos consejos para disertantes

El Dr. Neil Baum, en su libro Marketing your Clinical Practice, sugiere algunas reglas para lograr una eficaz comunicación entre el disertante y los oyentes.

* No utilice ilustraciones obtenidas "directamente" de revistas científicas, debido a que las mismas contienen demasiada información, números y lineas. Tanta información junta, satura y desconcierta a la audiencia. En general, una diapositiva adecuada debe ser comprendida en cuatro segundos.
* Las diapositivas no deben ser colocadas al azar. Deben actuar como guías, para permitir que la audiencia vaya en la dirección deseada. Idealmente, una diapositiva debe permanecer entre de 30 y 40 segundos; mayor tiempo, tiende a distraer la atención.

El Dr Robert Zollinger, profesor emérito en cirugía de la Ohio State University en Columbus, es considerado como uno de los mejores oradores de Ohio. Sus conferencias son fascinantes, con gran sentido común y sobre todo, memorables. No es casual que las diapositivas del Dr. Zollinger sean de alta calidad, en cuanto a forma, color y contenido. El Dr. Zollinger, sugiere que una adecuada diapositiva debe:

* Poseer pocos colores, menos de 20 palabras, y no más de dos líneas.
* Reforzar cada punto importante de la conferencia.
* Poseer fraces impactantes.

Además, el Dr. Zollinger sugiere que no se comience una conferencia con la frase "Bueno, es hora de empezar, veamos la primera diapositiva." Los primeros 30-60 segundos se deberían utilizar para permitir que la audiencia conozca al disertante.

# BIBLIOGRAFÍA

Baum Neil. 1992. *Marketing Your Clinical Practice.* AN Aspen publications, INC, Gaitherburg, Maryland.

Colomb, Gregory G., y Joseph M. Williams. 1985. Perceiving structure in professional prose: a multiply determined experience. [Percibiendo la estructura en la prosa profesional: una experiencia determinada en forma múltiple.] En: *Writing in Non-Academic Settings,* [*La Escritura en Contextos No-Académicos,*] Eds. Lee Odell y Dixie Goswami. Guilford Press, págs. 97-128.

Dondis, Donis A. 1995. *A Primer of Visual Literacy.* [*La sintaxis de la imagen: introducción al alfabeto visual*] The Massachusetts Institute of Technology. Editorial Gustavo Gili, S.A.

Gopen, George D. 1987. Let the buyer in ordinary course of business beware: suggestions for revising the language of the Uniform Commercial Code. [Que se cuide el comprador en el curso común del comercio: sugerencias para revisar el texto del Código Uniforme de Comercio.] *University of Chicago Law Review* 54;1178-1214.

Gopen, George D., Swan Judith A. 1990. *The Science of Scientific Writing.* [*La Ciencia de la Escritura Científica.*] *American Scientist* V78, 550-557.

Gopen, George D. 1990. *The Common Sense of Writing: Teaching Writing from the Reader's Perspective.* [*El Sentido Común de la Escritura: La Enseñanza de la Escritura desde la Perspectiva del Lector.*] A publicarse.

*Uniform requeriments for manuscripts submited to biomedical journals. International Comittee of Medical Journals Editors.* 1982. *British Medical Journal,* V284, 1766-1770.

Williams, Joseph M. 1988. *Style: Ten Lessons in Clarity and Grace.* [*Estilo: Diez Lecciones en Claridad y Elegancia.*] Scott, Foresman & Co.

## AUTORES DE LAS FIGURAS

| | |
|---|---|
| *Figuras 1-14* | *Dondis-Belvedere-Talbot* |
| *Figuras 15,16* | *Belvedere-Talbot* |
| *Figura 17* | *Baum* |
| *Figuras 18,19* | *Talbot* |
| *Figura 20A/B* | *Simon./Talbot* |
| *Figura 21 A/B* | *Isaia, et al/Talbot* |
| *Figura 22AB* | *Belvedere-Talbot* |
| *Figura 23* | *Mori, et al.* |
| *Figura 24* | *Mellström* |
| *Figura 25* | *Hansen, et al.* |
| *Figuras 26, 27* | *Capozza-Ferretti* |
| *Figura 28* | *Smith* |

123rf.com

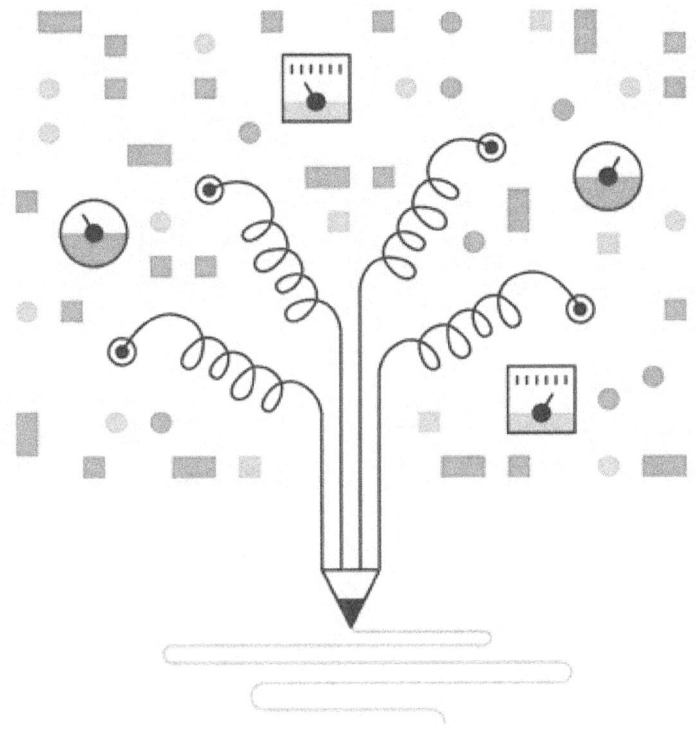

# La Ciencia

# De La Escritura

# Y De La

# Graficación Científica

www.ingramcontent.com/pod-product-compliance
Lightning Source LLC
Chambersburg PA
CBHW070406190526
45169CB00003B/1136